A la Manière de...

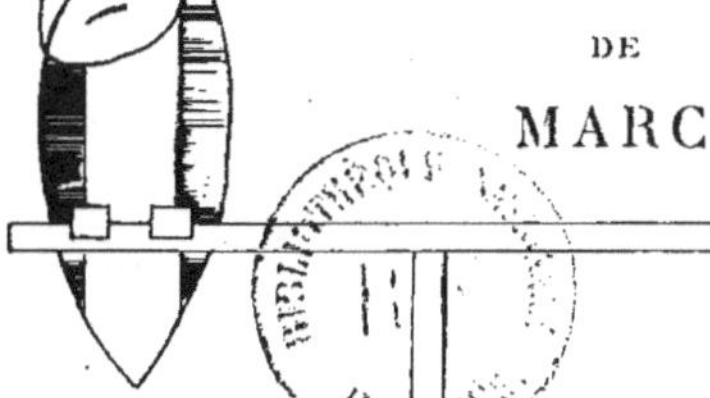

Plume et Poil

PARIS
LIBRAIRIE DELAGRAVE
15, RUE SOUFFLOT, 15

Plume et Poil

TEXTE ET DESSINS DE MARC

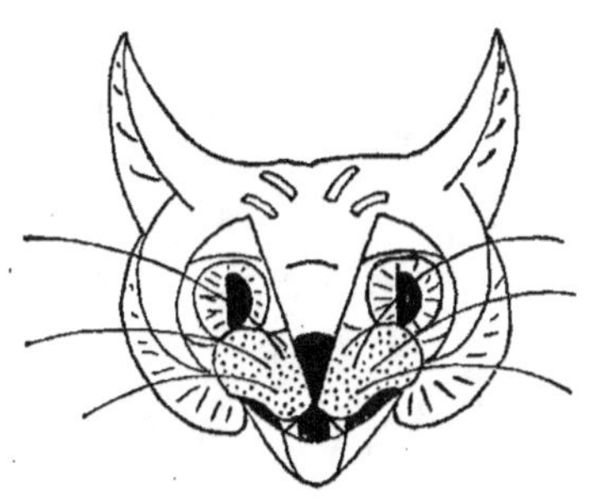

PARIS
LIBRAIRIE DELAGRAVE
15, RUE SOUFFLOT, 15
1921

A Hervé & Christiane Delagrave.

Le Crapaud.

C'est à dessein que mon dessin montre la noble tête du Crapaud ombragée de laurier, ou plutôt de pissenlit. Il est de mes amis, et je le prie d'agréer ici, avec mes hommages pour Madame, l'expression de mes sentiments distingués et reconnaissants.

Il est l'infatigable gardien de nos richesses potagères.

Vous aviez cru, peut-être, que les petites limaces que l'on voit sur la chicorée ne sont que les bigoudis qui la font friser? Erreur! Erreur que le Crapaud ne commet pas. Il connaît nos petits ennemis mieux que nous-mêmes, et nous défend contre eux. La Laitue, que ce soit la grosse blonde paresseuse ou la Palatine rousse, le Chou hâtif d'Étampes, le Poireau long d'hiver, le Pois stratagème et le Pois sénateur, tout ce qui orne notre table

et fait nos délices, c'est au Crapaud, en grande partie, que nous le devons. Et que deviendraient sans lui Alphonse XIII, le Roi George V et la Comtesse d'Espiès, ces incomparables fraisiers ?

J'ai dit qu'il était infatigable; c'est un peu exagéré. Il est, au contraire, assez paresseux quand il s'agit de se déplacer; mais il explore consciencieusement les quelques pieds carrés qu'il a choisis pour son domaine, et boulotte tout ce qui passe à portée de sa langue. Il mange un peu comme une tirelire avale les sous : sans mâcher; et aussitôt une proie dépêchée, il est prêt pour la suivante.

A part les beaux papillons multicolores qu'il n'aime pas, parce que la poudre de leurs ailes le fait tousser, tout lui est bon, à condition, cependant, que cela soit vivant. On a enfermé un Crapaud plus de huit jours avec une riche provision d'insectes morts, et il n'y a pas touché; aussitôt

qu'on lui a donné quelques abeilles vivantes, il les a happées et englouties.

Hélas, oui, des abeilles. Là notre ami va certainement trop loin dans son zèle insecticide. Quand fleurissent les prés, plus d'une abeille trouve une mort prématurée pour être allée butiner trop près du sol. Dans le Gâtinais, où l'on cultive le trèfle pour la graine, et où, par conséquent, on le laisse fleurir aussi longtemps qu'il veut, on récolte de ce fait un miel réputé pour son parfum. Ne doutez pas que de sombres et brusques drames ensanglantent, si j'ose dire, cet immense tapis rose. Je sais bien que les abeilles cessent leur travail vers le coucher du soleil, et que le Crapaud dort la plus grande partie de la journée au fond de son trou; mais, pressé par la faim, il ne se gêne nullement pour chasser en plein jour. Témoin Totor.

Qui ça, Totor?

Voici l'histoire. Un petit garçon, certain dimanche, se promenait avec son papa. Ils côtoyaient un beau jardin, quand, tout à coup leur attention fut attirée par un énorme crapaud, accroupi en face des ruches. Ils s'arrêtèrent, et, à leur grande surprise, ils virent une abeille, puis une seconde et une troisième, puis d'au-tres encore, voler droit 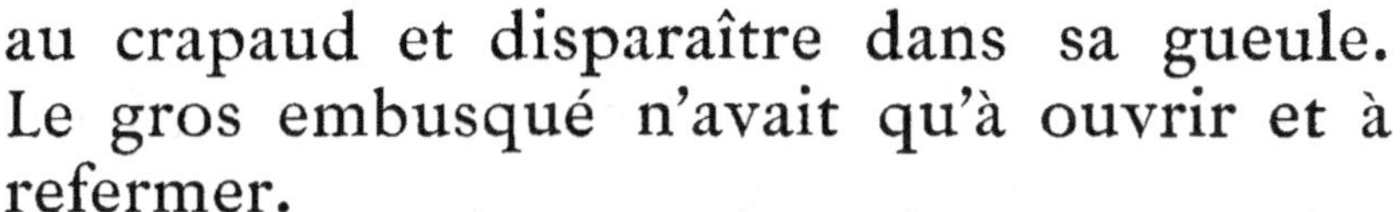 au crapaud et disparaître dans sa gueule. Le gros embusqué n'avait qu'à ouvrir et à refermer.

Les promeneurs se hâtèrent d'aller préve-nir le propriétaire du jardin ; mais celui-ci leur répondit en riant : « Ne vous inquiétez pas, c'est Totor. Je le connais bien ; il vient régulièrement chez moi ; mais il est très malin, et n'avale que les faux-bourdons. » Comme les faux-bourdons, vous le savez, ne travaillent pas, et consomment autant et plus de miel que les ouvrières, Totor ne faisait aucun totort — pardon, aucun tort — à l'apiculteur.

Pour ma part, je crois fort qu'il y avait erreur ; Totor avait dû remarquer une touffe de fleurs basses que les abeilles visitaient volontiers dès leur sortie de la ruche, et il s'y était mis à l'affût ; je pense qu'il mangeait tout ce qui se présentait, sans la moindre pudeur. Mais, bien au fond, je suis heureux pour lui de la méprise du monsieur, car sans cela Totor aurait été grondé, ou même mis à la porte, et il aurait eu du chagrin; un très gros chagrin, car, je crois vous l'avoir dit, Totor était énorme.

Le Crapaud va pondre ses œufs dans l'eau, et ses enfants commencent par être des têtards. Pardon, pardon! c'est la Crapaude qui va pondre; c'est comme les poules. Le Crapaud, comme le Coq, se contente de chanter et d'être beau. Il est vrai qu'il ne pousse guère qu'une note, malgré sa voix aimable, et nul panache de plumes n'orne sa croupe.

Il vit de très longues années en captivité, et s'apprivoise sans peine. Il vient quand on le siffle, et mange dans la main.

Cela vous prouve déjà qu'il n'est pas venimeux, comme on le croit trop souvent. De même si les paysans l'accusent d'aller la nuit, dans les étables, téter les vaches et les chèvres, c'est une pure invention; on ne l'a jamais pris sur le fait.

En réalité, comme je l'ai dit au début, c'est un de nos auxiliaires les plus utiles. Je vous demande, non seulement de le protéger contre les ignorants qui le détruisent, mais encore de lui tirer un coup de chapeau amical quand vous le rencontrerez.

Il mériterait même une bonne poignée de main.

Le Rhinocéros.

Les guerriers du moyen âge portaient des armures faites de pièces d'acier, articulées entre elles pour permettre tous les mouvements; ils s'armaient d'une épée, et montaient un fort cheval qui les emportait au grand galop au milieu de leurs ennemis.

Un certain animal, plus malin sans doute que les autres, a compris tous les avantages de cet armement et l'a copié. Mais, habitant sous les tropiques, il a craint d'avoir trop chaud, et au lieu d'acier il s'est couvert de bonne peau de rhinocéros, d'une épaisseur de deux centimètres, et davantage; comme il avait vu les chevaliers se faire grand mal en tombant de cheval, il s'est fait cheval lui-même et, n'ayant plus de main de libre, il a fixé son épée sur l'os de son nez. Ainsi équipé, il ne craint plus rien. A tout propos il fait le

chevalier, et charge les hommes, les bêtes et les objets qui lui déplaisent.

Cet animal, vous l'avez deviné, c'est le Rhinocéros. Son nom vient du grec et veut dire « Nez cornu ». Après l'éléphant, c'est le plus grand des animaux terrestres. Buffon dit qu'il a douze pieds de la tête à la queue; mais il faut bien savoir ce qu'il entend par là; c'est une mesure de longueur; le Rhinocéros n'a que quatre pattes, comme vous et moi, mais il atteint en effet de quatre à cinq mètres. Il est haut en proportion; on en a vu qui avaient tout près de deux mètres

à l'épaule; c'est la hauteur de votre papa quand il coiffe son chapeau de cérémonie.

Je donne tous ces chiffres pour ceux qui voudraient garder un Rhinocéros chez eux. Il est bon de savoir aussi qu'il mange chaque jour 20 kilos de foin, 3 kilos d'avoine, 15 kilos de carottes, sans compter les menues douceurs qu'il ne refuse jamais.

Sa lèvre supérieure est longue, souple et mobile; il s'en sert comme d'une main pour arracher les touffes d'herbe et les feuilles qu'il broute; il en est si habile qu'il peut même ramasser un morceau de sucre; il tire alors la langue très fort pour y déposer le bonbon.

Il existe des Rhinocéros qui ont deux cornes sur le nez au lieu d'une; on les trouve dans les îles de la Sonde; il faut chercher cela quelque part là, entre l'océan Indien et le Pacifique.

Un explorateur rencontra un jour une maman Rhinocéros, avec un petit nouveauné. La mère, effarouchée, se sauva. Le petit regarda autour de lui, et, ne voyant pas de plus grosse bête que le chasseur, il se dirigea vers ce dernier et le suivit gentiment jusqu'à son campement. Ce n'était pas flatteur pour le monsieur, mais peut-être avait-il un très grand nez. J'ignore ce détail.

Entre les pièces de l'armure la peau est

fine et souple, pour faciliter les mouvements de l'animal. C'est là qu'une foule de moustiques et de taons viennent piquer le pauvre Rhinocéros. Celui-ci, pour se défendre, se roule dans un marécage et se couvre entièrement de boue. Mais il a aussi un ami secourable; c'est un oiseau, une espèce de Sansonnet, qui lui monte sur le dos et mange les parasites. Le Rhinocéros peut ainsi se livrer en paix à son occupation favorite, qui est de dormir, et cela d'autant plus tranquillement que l'oiseau s'envole en poussant des cris perçants à l'approche du moindre danger, et avertit de cette façon le dormeur.

Vous savez que le transport des bagages, en Afrique, se fait à l'aide de porteurs noirs, qui marchent à la queue leu leu. Or il arrive de temps à autre que l'un deux s'écrie, tout à coup, « Kifarou! », ce qui veut dire « Rhinocéros! » en nègre; aussitôt tout le monde jette son baluchon et se sauve dans les buissons et sur les arbres. Le Rhinocéros arrive tête baissée, comme une locomotive, il parcourt toute la longueur du chemin qu'occupait la caravane; puis, arrivé au bout, il

s'arrête, avec un air stupide, ne comprenant pas comment il se fait qu'il n'ait embroché personne.

Les noirs, on le voit, chassent peu le Rhinocéros; ils sont plutôt chassés par lui. Les blancs, au contraire, grâce à leurs armes à feu perfectionnées, en abattent un grand nombre tous les ans. Mais eux aussi doivent faire bien attention : la carapace de leur gibier est si épaisse qu'il faut la viser et la toucher au point le plus faible. C'est ordinairement dans

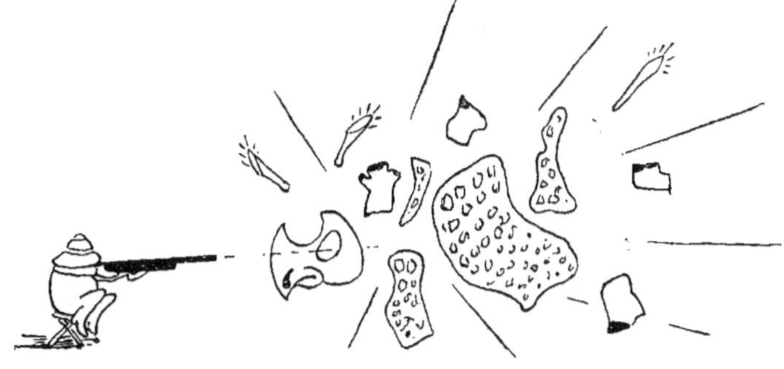

l'œil que le chasseur envoie sa balle explosible. Le Rhinocéros, bien entendu, en voit trente-six chandelles, mais le plus souvent il est mort avant d'avoir eu le temps de les compter.

Le Condor.

Il n'y a guère plus d'une trentaine d'années que l'on connaît bien les mœurs du Condor. Le grand Buffon, qui a étudié et décrit tant d'animaux à peine connus de son temps, et leur a donné des noms qu'ils portent encore, n'a jamais vu de Condor. Il n'en donne une description que par ouï-dire ; mais il a grand'peine à discerner le vrai du faux dans les récits des voyageurs.

Ceux-ci, effrayés à la vue de cet oiseau gigantesque, en racontaient monts et merveilles. Certains matelots lui donnent « un bec, des ailes et des griffes comme en ont les aigles ; un cou comme celui des brebis, et une tête comme celle d'un coq ». D'autres disent que « le plumage des Condors est semblable à celui d'une pie ; qu'ils ont une crête sur le front, différente de celle des coqs en ce qu'elle n'est pas dentelée ; que leur vol est effroyable, et quand ils fondent à terre ils étourdissent par leur grand bruit ». Un autre encore a vu dans la ménagerie de l'empereur du Mexique « des oiseaux d'une grandeur et d'une fierté si extraordinaires qu'ils paraissaient des monstres ; chacun de ces oiseaux mangeait un mouton à chaque repas ».

Buffon pense que c'est au Condor que doit se rapporter la légende de l'oiseau Roc, dont il est question dans les contes des *Mille et une Nuits ;* vous savez bien, celui qui emporta Sindbad le marin dans la vallée aux Diamants. De même il suppose que c'est un Condor qu'avait vu Marco Polo, le célèbre voyageur qui le premier visita la Chine, et qui voulut faire croire à son retour qu'il y avait à Madagascar un oiseau « qui a la ressemblance d'un aigle, mais qui est sans comparaison beaucoup plus grand ; il est de telle force et puissance que, seul et sans aucune aide, il prend et arrête un éléphant, qu'il enlève en l'air et laisse tomber à terre pour le tuer, et se repaître ensuite de sa chair ». Marco Polo avait beau mentir, car il venait de fort loin.

Buffon, je dois le dire, ne croyait pas un mot de toutes ces exagérations.

Pour nous, nous pouvons dire, sans aller plus loin, qu'il ne s'agit pas du Condor, car ce dernier ne se rencontre que dans l'Amérique du Centre et du Sud. Il est vrai que c'est le plus grand des oiseaux capables de voler.

Quand il étend ses ailes, il mesure jusqu'à trois mètres d'une extrémité à l'autre; marquez cela au mur, vous verrez que c'est énorme. C'est aussi celui qui vole le plus haut; on en a vu planer au-dessus du Chimborazo, une montagne qui a — corrigez-moi si je me trompe — plus de 6000 mètres d'altitude.

Il niche sur les plus hauts sommets de la

Cordillère des Andes, comme le montre notre dessin; bien entendu je ne suis pas monté là-haut avec ma boîte à couleurs; je ne suis pas un blagueur comme Marco Polo.

Le Condor a une façon particulière de voler qui a longtemps intrigué les savants; on ne le voit pour ainsi dire jamais battre des ailes. Il plane... il plane... C'est qu'il profite des moindres mouvements de l'air pour se laisser soutenir ou soulever; il leur présente, comme un cerf-volant, la surface un peu inclinée de ses ailes éployées. Le cerf-volant est attiré vers la terre par le poids d'un petit garçon au bout d'une longue ficelle, le Condor l'est par le poids de son propre corps; mais le résultat est le même. Quand il veut virer, il gauchit, comme on dit, l'extrémité de ses ailes. C'est ce mouvement imperceptible qu'on avait longtemps ignoré; sa découverte a rendu d'immenses services aux progrès de l'aviation. Rappelons en passant que c'est le Français Mouillard qui s'inspira des grands oiseaux planeurs pour le calcul des appareils plus lourds que l'air, et que ce sont les frères Wright qui, les premiers,

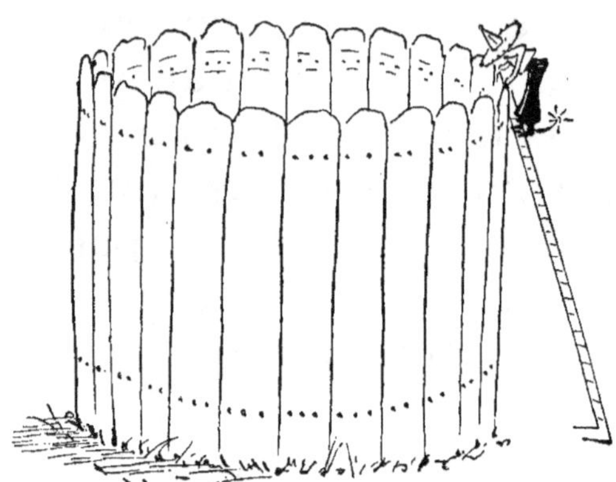

appliquèrent le gauchissement des ailes à la manœuvre des avions.

En raison de cette façon de voler, le Condor a pas mal de peine à s'élever de terre; il est obligé de courir et de voler bas sur une assez longue distance avant de pouvoir prendre de la hauteur. Aussi préfère-t-il toujours rester dans les montagnes; il marche à pied jusqu'au bord d'une falaise, et se laisse aller dans le vide.

Il se nourrit, à la manière des vautours, d'animaux morts ou blessés, entre autres des baleines qui s'échouent parfois sur les côtes de l'Amérique du Sud.

Quand j'étais petit, au siècle dernier, on

m'a raconté que les Condors se rendaient très utiles dans la ville de Mexico, en nettoyant les boîtes à ordures; j'ignore si cela est encore vrai de nos jours.

On m'a raconté aussi que pour attraper des Condors les gens de là-bas construisent des enclos en planches, étroits et profonds, dans lesquels ils mettent comme appât un animal mort. Les Condors s'y laissent tomber en foule; mais quand il s'agit de repartir, ils ne peuvent plus prendre leur essor, faute d'espace. Je tiens ce récit d'un monsieur du midi de la France; la chose se passe dans le midi de l'Amérique méridionale... Elle est peut-être vraie tout de même.

Personnellement, je vous recommande tout simplement la vieille méthode qui s'est toujours montrée si efficace pour attraper les moineaux : le grain de sel sur la queue. Bien entendu, il en faut une bonne poignée pour un oiseau de cette taille.

Comme le Condor peut donner des coups de bec assez dangereux, je vous conseillerais, avant de vous approcher avec votre salière, de faire tenir la tête de l'oiseau par une personne vigoureuse. Comme cela vous aurez toute sécurité ; et je vous garantis le succès.

Le Renne.

Le docteur François Rabelais, qui vivait au temps de François Ier et de Henri II, était un homme extraordinaire. Il savait tout ce qu'on pouvait savoir de son temps : toutes les langues, tous les arts, toutes les sciences, l'histoire, la philosophie, la poésie, que sais-je encore! avec tout le vocabulaire spécial à chacune de ces branches de l'activité humaine. Il était de plus très intelligent, ce que ne sont pas toujours les érudits, et il avait une imagination d'une grande richesse.

Je ne vous conseille pas de le lire maintenant, car il faut d'abord connaître le vieux français, et vous ne comprendriez rien à ses écrits. Quand vous aurez vingt ans vous vous amuserez beaucoup aux mille et une aventures de ses héros; mais ce n'est qu'après trente ans que vous sentirez, à travers ses bouffonneries, la profondeur de sa pensée, la sincérité de ses convictions, la sévérité de ses jugements. Ce n'est qu'alors que vous goûterez, comme il le dit lui-même, la substantifique moëlle que contient son œuvre.

Rabelais, donc, imagine qu'un jeune seigneur, accompagné de quelques compagnons de caractères variés, entreprend un grand voyage d'exploration. La petite troupe débarque dans une île nouvelle un jour de foire, et en profite pour acheter une foule de belles choses : tableaux, tapisseries, animaux de toutes sortes.

Parmi ces derniers se trouve un Tarande, que Rabelais nous décrit comme suit : «Tarande est un animal grand comme un jeune taureau, portant teste comme est d'un cerf, peu plus grande, avec cornes insignes largement ramées; les pieds forchuz; le poil long comme d'un grand ours. » Le Tarande, que les savants actuels appellent *Rangifer Tarandus,* n'est autre que le Renne, et il n'a pas changé, comme vous pouvez le voir.

Cet animal était encore peu connu à l'époque, et l'on croyait qu'il changeait de cou-

leur selon la variété des lieux où il paissait. Rabelais ne peut se retenir d'enjoliver encore la légende, et raconte que le Tarande nouvellement acheté devint gris, rouge, blanc, selon les vêtements de celui des voyageurs qui l'approchait.

Il n'est pas, cependant, de légende sans fondement, et comme il vit dans les pays de l'extrême Nord, où la nature ne présente pas les vifs coloris que l'on voit dans le Sud, il est réel que le Renne, avec son poil brunâtre-grisâtre, « représente, comme dit Rabelais, la couleur des herbes, arbres, arbrisseaux, fleurs, lieux, pâtis, rochers, généralement de toutes choses qu'il approche ». Quand vient l'hiver, l'animal se couvre peu à peu de poils blancs, de sorte qu'il finit par devenir assez peu visible sur le fond de la neige ; surtout qu'à ce moment il a perdu ses cornes. Au printemps, il subit un nouveau changement de teinte, pour redevenir tel que vous le voyez ici.

Au cours du long hiver septentrional, il trouve dans son épaisse toison une protection efficace contre le froid ; mais pour se nourrir il est souvent fort en peine. Les Lapons, dont les troupeaux de Rennes sont la seule richesse, vont leur abattre des arbres pour qu'ils puissent en ronger l'écorce et les lichens qui la recouvrent. Cela n'est pas toujours suffisant pour les préserver de la faim; aussi sont-ils très maigres au printemps.

Quoique domestiqués, et jouant dans ces pays inhospitaliers le rôle du bétail de chez nous, les Rennes sont loin d'être aussi maniables que nos animaux. Pour les traire il faut, la plupart du temps, les faire entrer dans une étable très étroite, ou même les ligoter.

On les attelle aussi, de la façon la plus primitive, comme le montre notre croquis; ils

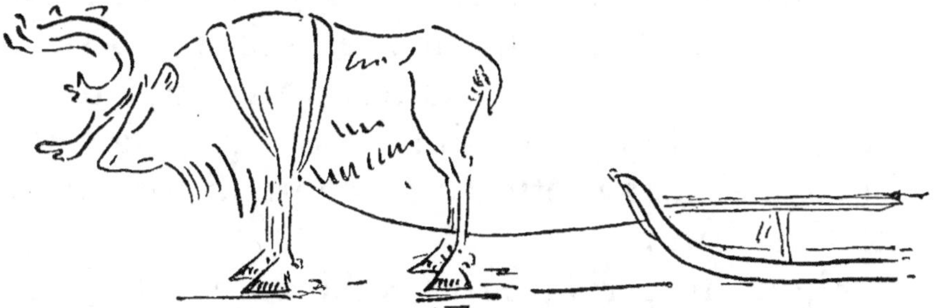

font environ du dix à l'heure, avec une charge d'une centaine de kilos. Mais il ne faut pas que leur conducteur les brutalise le moins du monde, car, nous dit Buffon, « ils se retournent brusquement contre lui et l'attaquent à coups de pied, en sorte qu'il n'a d'autre ressource que de se couvrir de son

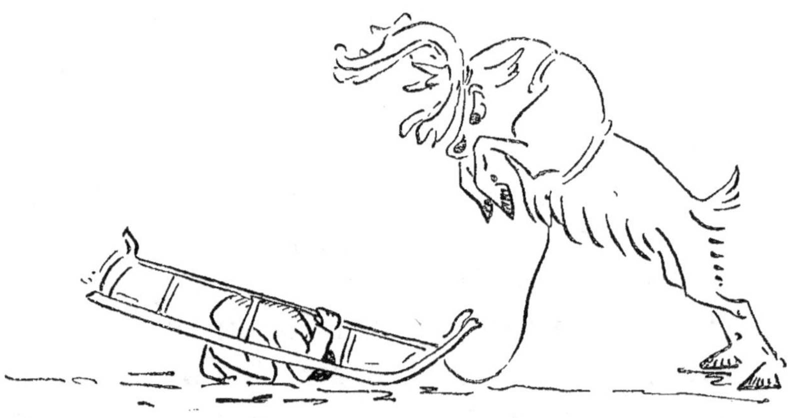

traîneau jusqu'à ce que la colère de sa bête soit apaisée ». Et les pieds du Renne, ce n'est pas rien, comme on dit : les sabots en sont très larges, ce qui facilite la marche sur la neige, et quand l'animal trotte, il fait un bruit de castagnettes qui s'entend, paraît-il, de fort loin.

Élien, un écrivain du troisième siècle, rapporte que les Scythes, cavaliers renommés, vous le saviez déjà, chevauchaient aussi des cerfs ; il est probable qu'il voulait parler du

Renne qui était commun chez les Scythes. De nos jours encore les Toungouses de la Sibérie montent ces animaux après leur avoir placé une petite selle sur le garrot.

A l'état sauvage les Rennes vivent en troupes nombreuses, se déplaçant sans cesse pour chercher leur maigre pâture. Ils broutent le matin et le soir; dans la journée ils se couchent pour ruminer. Constamment l'un d'eux, une femelle, reste debout, pour veiller sur la société.

Mais contrairement à celle de la Mi-Carême, cette Reine des Rennes est toujours, pour le moins, grand'mère.

9-21

IMPRIMERIE DELAGRAVE
VILLEFRANCHE-DE-ROUERGUE